野生动物大探奇

[韩]柳太淳 / 著

[韩]李泰虎 / 绘　洪仙花 / 译

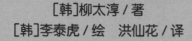

嗷呜呜

APETIME
时代出版

时代出版传媒股份有限公司
安徽少年儿童出版社

为了人与自然的和谐共处

登山时,你是否看到过写有"禁止摘取野生动物的食物"字样的牌子？殊不知,有些人随手摘的栗子和榛子都是松鼠不可缺少的食物啊！目前,很多地区出现野猪等动物下山危害家禽和家畜的现象,其原因就在于人类大肆砍伐树木,破坏了野生动物的栖息地,面临灭绝危机的野生动物都处在饥饿、绝望的状态,只好下山寻找食物。近代以来绝种的动物真是数不胜数。最近被汽车轧死的野生动物的数量也在不断地增多。

大自然的生态构造就像金字塔,一个种群的灭亡有可能导致另一个种群因食物匮乏而灭亡。地球的主人并不只是人类,人类应该与大自然和谐共存。我们不能忘了人类也是动物,是自然界的一部分。

生活在澳大利亚悉尼的大多数野生动物对人都没有敌意,它们不怕与初次见面的人近距离地接触。因为它们相信,人类并不会伤害它们。在本书中,为了建设魔界动物园,大魔王派人从人间带来很多动物。出现在魔界的动物都不畏惧人类,也不会远离人类。

　　目前，世界各地都尝试着开展各种促进野生动物和人类和谐共处的活动，如设立野生动物保护区，保护面临灭绝的动物，放生野生动物，等等。真诚希望有朝一日，动物和人类可以和谐共存。

全 体 作 者

在魔界中——

大魔王

还没有意识到管家的……老年痴呆症

管家

计划总是因脱离实际而落空

关系变得有些微妙……

精神在妙相牵

一直进行报复

没什么特别之处

没什么联系

比奥

受利面的影响正在研发搞笑的"武器"

互相不感兴趣

隐秘的师徒关系

意大

拍马屁大王,一味讨好大魔王

利面

对队长的幻想破灭后,开始有些反抗

关系似乎结束了

新人物：

踏山

自称泰山祖
先的"森林之王"

赞踏

踏山"忠实"
的手下

主要动物：

秃鹫

长颈鹿

大象

犀牛

鳄鱼

羚羊

猎豹

狮子

目 录

召唤动物计划

让他们建设魔界动物园？

是的。

这是魔界旅游业的重点，由于没找到合适的动物，就一直没建起来。

如果派意大和利面到人间带些动物回来，不就建起来了吗？这样还能有不少收入呢！

哈哈，这样啊，还真有你的！马上传意大过来！

队长！

你要游手好闲到什么时候啊？

就知道玩！

咻咻咻，咦？

4

时机还没到。首先要让魔王完全信任我们。

到时候再征服魔界也不迟！

我要让他知道收留我是他最大的失误。

原来如此

哈哈哈

没想到您想得这么周到！

喂，意大！魔王大人有请！

马上就到！怎么会突然找我这个小人物呢？

太夸张了！

唉，指望他是没戏了。

派我去人间带些动物回来？

是的,只要有你们的帮助,魔界动物园的成功就指日可待了。

这、这明明就是!

......

想让我们消失在人间嘛。

咻哦哦

啪

不、不愧是队长,居然跟我想到一块去了。

太感谢了,魔王大人!本来我就一直在考虑有没有能为魔界效劳的呢!

变、变化真大!

哐当

嘻嘘

那就准备准备吧。

谢谢,谢谢,太谢谢了!

队长!

一个月后

这到底是怎么搞的啊！

都一个月了,就送回来这么只老鼠?

是不是出什么意外啦?

哇,是老鼠吧!

吱吱

不行,我得亲自去一趟。

什么?

我也要去,父皇!

魔、魔王大人,还是派些……

没事,我和比奥去就行了!

太危险了

太棒了,不用上学了!

人间:韩国

什么?

地铁站

①号口

①号口

你们也太没出息了吧!

呜呜!

猴子屁股为什么是红的？

今天乞讨了350元呢!

呀呼!

父皇,您看那儿,是猴子哈也!

猴子?

轻松拿大钱啦!

命中就3倍积分

真是的,市区怎么会有猴子呢?

命中就3倍积分!过了这村就没这店了。

唧唧

猴子的屁股为什么那么红啊?

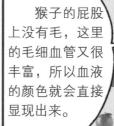

猴子的屁股上没有毛,这里的毛细血管又很丰富,所以血液的颜色就会直接显现出来。

随着长大和性成熟,许多猴类的屁股会变得越来越红,而且颜色越鲜艳就表明它越健康。

你懂什么!

伤得不轻啊。先来扎一针……

别愣在那儿,过来试一下吧。只要命中指定的靶子,马上就翻到原来的3倍!

3倍?

生性活泼、敏捷的灵长类动物——猴

猴是除猩猩科动物和人类以外灵长类动物的一种俗称。猴的体形中等，四肢等长或后肢稍长，尾巴或长或短，有颊囊和臀胼胝(pián zhī)，营树栖或陆栖生活。

猴类是动物界里进化程度最高的一类，也是与人类亲缘关系最近的一类动物。它们大脑发达，趾可以分开，有助于攀爬树枝和抓取食物，甚至会使用简单工具。猴类通常以小家族群活动，也结集大群活动；多数能直立行走，但时间不长；猴类一般在白天活动，夜间活动的有指猴、一些大狐猴和夜猴等。

屁股像苹果一样红的猴子,表明它正处于发情期

犀牛角是怎么形成的？

噔噔噔噔
呼呼，减、减减肥吧！

不行！
售票处
成人 100元
儿童 50元
为什么？

为什么?一张成人票就100块，你们4个人就给250块,这像话吗?
不对！除了我都是儿童啊！
真是些奇怪的人……

你说他们是儿童？把我当傻瓜了吗？
哐
忘了让他们刮胡子了……
我说行不通了吧。
这位小姐真聪明……

没想到人间竟有这么大的动物园!

哇, 好大呀!

噗呜

咦?

嗯?

砰!

砰!

是、是犀牛吧!

犀牛?

吧嗒

哐

哐

犀牛是仅次于大象的第二大植食动物。其中印度犀牛和爪哇雄性犀牛只有一个角,而白犀牛、黑犀牛和苏门答腊犀牛有两个角。

是吗?

人们通常会认为犀牛的角就像鹿角一样由骨头构成,其实犀牛角是皮肤角质化而变硬的。其主要成分是角蛋白,所以能像指甲一样生长,其中就有长到1.2米长的。

你又是什么东西?

哟,利面,还真有你的!

嘿嘿,哪里!

父皇,犀牛会攻击人吗?

嘎?

这家伙平时喜欢收集饼干里附赠的动物卡片。

原来如此!

啪啪

这个嘛……应该会吧。

怎么突然问起这个来?

那、那么

那您最好赶快跑!

咦?

唰

我看它关在里面太可怜,所以就……

噗噜噜

嘎啊啊

噔噔噔噔

啪

噗噜噜?

狮子
(Lion)

每次都这样!

厚皮动物的习性

　　厚皮动物是指犀牛、大象和河马等皮肤较厚的动物。它们的皮肤看起来很硬，但像轮胎一样有弹力。它们每天都要用泥水洗澡以维持体温，保护皮肤。在凉爽的清晨和傍晚，它们会吃一些芦草或小树枝，较热的白天则会在树林或水里休息，如河马。

犀牛角是皮肤演变的

　　根据犀牛吻部上方角的个数可分为单角犀牛和双角犀牛，而雌性爪哇犀无角。犀牛的角与其他动物的不同，它不是由骨头构成的，而是由其皮肤演变的，即由其表皮角质化的纤维——角蛋白构成的。所以，可以把犀牛的角看作是一种肿块。

白犀牛属于双角犀牛

袋鼠为什么把幼崽放到袋里？

总算找到你们了！

你怎么才来呀！

哈哈哈哈

包丢了，应该早点和我联系呀！

所有东西都没了，怎么联系你呀！

郁闷……

怕您有意外，事先我不是给了您可连接人间与魔界的紧急用手机吗？

咦？

紧急用手机？

翻来

翻去

让我找一找

哐当

哐当

是这个吗？

我还以为是游戏机呢。

我怎么会给您游戏机啊！

18

那好，我们就回魔界，从长计议吧！

一想到这几天受的罪……

过去的就让它过去吧！

太惨了！

父皇，把这家伙也带走好吗？

嗯？

叹

那、那是什么动物呀？

看它在动物园的角落里，我就给抱来了。

叹

那是小袋鼠。

是把幼崽放到育儿袋里养育的动物吗？

真可爱

叹

大灰袋鼠的孕期是 28~29 天。母袋鼠体长有 2 米，而幼崽刚出世时只有 2 厘米，必须置于母体的育儿袋中哺乳，等长到 10 个月左右才能出来生活。

是的。在天气恶劣或食物不够的时候，袋鼠还可以调节孕期，等环境适当的时候再生育呢。

有育儿袋的动物

这类动物属有袋目,它们是原始的哺乳动物,胎生。其幼崽没有发育成熟就出生,它们一般都贴在母亲的乳头上。大部分的有袋目动物都有能覆盖乳头的皮肤,即育儿袋。袋鼠、树袋熊、负鼠等都属于有袋类动物,其中树袋熊的育儿袋虽在腹部,但开口并不在腹部上方,而是在屁股的后面。

没有育儿袋的有袋目动物

有些有袋目动物没有育儿袋,比如生活在澳大利亚的袋食蚁兽就属于此类,因此雌性袋食蚁兽只好背着幼崽生活,用毛皮保护它,直到断奶为止。

图为典型的有育儿袋的动物

沙漠和北极也有狐狸吗？

哇，真暖和！

队、队长。让我也……

呃，冻死了！

噗噗

好，准备回魔界了！

太棒了！

呀呼！

回去后，第一件事就是要吃比萨！

我要汉堡！

回去后一定要把这次的遭遇写成书！

呜呜……

返回魔界

轰隆隆

我们魔界有这种沙漠吗?

我是没见过。

沙沙

喂!

好像是人间的沙漠!

什么?

什么?你是怎么念的咒语,怎么还在人间啊?

哪儿弄错了呢?

根据那家伙可以确定我们还在人间。

跳跃

是沙漠狐。

那家伙是什、什么东西?

什、什么

沙漠也有狐狸吗?

廓狐的毛,白天可以挡阳光,晚上可以维持体温。它脚面厚厚的毛起着隔热作用,大大的外耳血管密布,能起到散热的作用。相反,北极狐的外耳很小,可以防止热量的散失。

这是一种稀有动物,学名为廓狐,是体形最小的狐狸。

廓狐　　　　　　　北极狐

* 注:以下只是漫画情节,北极狐在现实生活中通常不会攻击人类。

阿伦定律

　　恒温动物除了用自身的能量保持体温以外,还会以缩小或扩大身体的表面积来保持体温,所以寒冷地区动物的体格较大,而身体的末端部位较小。生活在热带的廓狐是狐狸中体格最小的一种,体长只有40厘米左右,但它那又挺又尖的外耳却长达15厘米。像廓狐一样生活在沙漠的狐狸,外耳相对来说都较大。加利福尼亚兔的外耳相对其体格也较大,它们的大耳朵上有很多可以散热的血管,能起到防止体温过高的作用。相反,生活在寒冷地带的北极狐体形圆,外耳小,这样可以把热量的散失降到最低。生活在寒冷地区的恒温动物,其体表的突出部分(四肢、耳朵等)趋于缩短,以减少热量散失;而生活在热带地区的恒温动物,其体表的突出部分相对较长,有利于热量散失。这就是生态学上的阿伦定律。

图为用外耳来调节体温的廓狐和北极狐

骆驼的驼峰里有没有水?

呼,好渴!

给我拿一点水……

是,魔王大人!

都要渴死了!

咦,水壶怎么不见了呢?

什么?

奇怪了~

呼啦 呼啦

明明放在这儿的呀!

再好好找一找!

咕咚 咕咚

呀,好受多了!

咕咚 咕咚

哐当

呃啊啊啊

在搞什么，你这家伙！

空空

一滴都没剩啊？

噗噜噜

啊啊啊啊啊

咦，这不是骆驼吗？

噗噜噜

那些家伙都不觉得渴吗？怎么一副若无其事的样子啊？

嗯？

骆驼跟人不一样，在沙漠里3天不喝水也没事。

这种事可能吗？

骆驼宽大的脚掌有利于行走在滚热的沙子上，鼻孔可以自由地开合，防止沙子进到鼻子里。还有，它可以在 37℃~40℃ 之间自由地调节体温，最大限度地防止水分的流失。

驼峰里的秘密

　　骆驼背上的驼峰中储存的不是水,而是脂肪,它为骆驼在沙漠中长途跋涉提供了能量保障。骆驼的营养状态不同,其驼峰大小也不一样。骆驼生活在沙漠或草原,吃树枝和树叶,尤其喜欢吃一些带刺的树枝。骆驼几天不吃不喝也能生存,这时驼峰就会变小,直至消失。骆驼吃下食物,会将一定量的脂肪储存到驼峰中,脂肪储存得越多驼峰就越大。

☠单峰驼和双峰驼

　　骆驼可分为单峰驼和双峰驼。单峰驼只有一个驼峰,双峰驼有两个驼峰。单峰驼的体长约3米,高约2米,分布于非洲和西南亚地区。双峰驼体长2.2~3米,高约1.9米,比单峰驼矮小一点,分布于中亚地区。

单峰驼　　双峰驼

骆驼有储存大量脂肪的驼峰

最庞大的动物是什么？

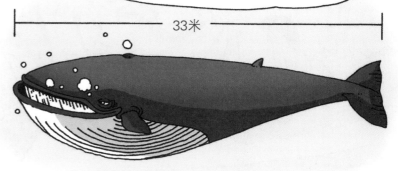

据说这种鲸的心脏有小汽车那么大，动脉大到成年人可以在里面游泳的程度。

好！那我一定要抓住它，这样我们一年都不愁吃了。

你去找一找能储存鲸鱼的地方吧！

饿得有点不正常了吧？怎么可能抓到……

啊，钓、钓到了！感觉这重量应该是蓝鲸！

这、这是……

呃呃……是北极熊！

啊啊——呃！

蓝鲸身躯庞大的原因

　　蓝鲸栖息在浮游生物密集的海湾,密集的浮游生物又引来了身体闪耀着蓝色光芒的大群磷虾。蓝鲸这种超大型的动物就是以磷虾这种微小动物为主要食物的。磷虾是全世界数量最多的动物,广泛分布于南北极海域。正是由于有如此丰富的食物,而且生活在有巨大浮力的深海里,蓝鲸才能生长得这样巨大。

鲸类身躯越大活得越久

　　蓝鲸的寿命是 30~90 年,而鼠海豚等小型鲸寿命在 8~20 年。大型鲸一般采取少生精养的方式。抹香鲸、虎鲸等的幼崽一般需喂养 2~3 年。

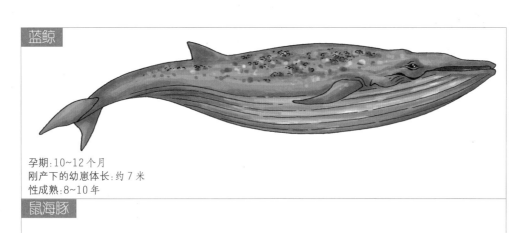

蓝鲸

孕期:10~12 个月
刚产下的幼崽体长:约 7 米
性成熟:8~10 年

鼠海豚

孕期:10~11 个月
刚产下的幼崽体长:65~90 厘米
性成熟:4~6 年

动物是怎么分类的？

呜哇，好受多了！

还是家里好啊！

当然啦！

再拿几瓶可乐来。

动物世界还真复杂啊！

是吧，哈哈！

种类太多，分类也挺麻烦吧！

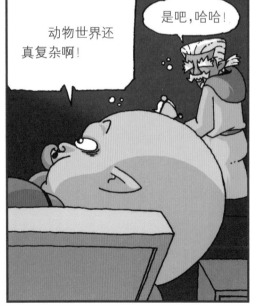

动物有那么多种类吗？

生物通常分为界、门、纲、目、科、属、种等级别。

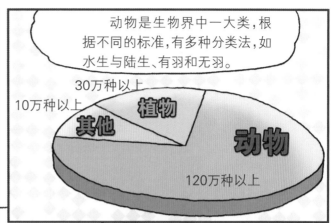

动物是生物界中一大类，根据不同的标准，有多种分类法，如水生与陆生、有羽和无羽。

30万种以上

10万种以上

其他

植物

动物

120万种以上

还可以按有无脊椎分为脊椎动物和无脊椎动物两大类。其中脊椎动物与人类有着密切的关系。

人类　大象　鱼　鹰　青蛙

脊椎动物

文蛤　章鱼

海葵　蜗牛

无脊椎动物

呃，对了，把意大利面给忘了！

底

猛地

啊！对呀！

呼，什么时候才能捉那么多动物来建动物园啊？

分类就要好几年了……

这可是魔王大人的命令啊！

他们有可能处在危险之中，要赶快寻找！

唰啦

父皇，加油！

动物的分类

根据体内有无脊椎骨,动物可分为脊椎动物和无脊椎动物。无脊椎动物占全部动物种数的 90% 以上。

☠ 脊椎动物

哺乳类 约 4475 种	胎生,哺乳,恒温,身体有毛覆盖,肺呼吸	例: 人 / 海狮 / 海豚
鱼类 约 24398 种	水栖,皮肤有鳞片覆盖,大部分为卵生,鳃呼吸	例: 鲫鱼 / 鳗鲡 / 鲨鱼
两栖类 约 5020 种	卵生,皮肤呼吸和肺呼吸(幼体用鳃呼吸)	例: 青蛙 / 蟾蜍 / 山椒鱼
爬行类 约 7919 种	卵生,皮肤被又硬又干的鳞片覆盖,肺呼吸	例: 蛇 / 龟 / 鳄鱼
鸟类 约 9077 种	卵生,身体被羽毛覆盖,肺呼吸	例: 麻雀 / 鸡 / 鸵鸟

☠ 无脊椎动物

节肢动物	身体分为头、胸、腹部	例: 蝗虫 / 蜘蛛 / 螯虾
环节动物	身体呈细长圆柱形,有许多体节	例: 蚯蚓 / 蚂蟥 / 沙蚕
棘皮动物	被坚硬的外壳包裹着	例: 海星 / 海胆
软体动物	身体没有骨头,非常柔软	例: 贝 / 章鱼 / 蜗牛
原生动物	没有专门的呼吸器官	例: 变形虫 / 喇叭虫
扁形动物	多数雌雄同体,口位于腹部	例: 涡虫 / 绦虫
腔肠动物	没有口与肛门之区分	例: 水母 / 海葵

臭鼬的屁真的很臭吗？

呃、呃……等、等着瞧！

啊啊啊啊

是、是臭鼬！

怎么跑到教室来了呢？

快把它赶出去！

要在它放屁前把它赶出去！

叽叽叽！

老师去哪儿了？

同学们，我在这儿！

咚咚嗦嗦

说到屁，最先想到的就是臭鼬了……

您怎么能只顾自己呢！

怎么爬上去的啊？

喀

臭鼬的肛门两侧有两个肛门腺，遇到危险时，会从这里喷出恶臭的琥珀色液体。

呃啊

臭鼬喷出的恶臭，其实不是屁。

那臭大便吗？

嗯？

液体如果进入其他动物的眼睛里，会导致被攻击者暂时失明而丧失攻击能力。所以臭鼬遇到其他动物甚至肉食动物也不急着逃跑。

看什么看？

噗噗

晃来晃去

它好像不怕我们呀！

让我来摆平吧！

唰

竟敢踏入我的地盘！醒醒吧！

叽叽叽

队长,快点把那家伙赶走吧!

嘻嘻

你来得正是时候!

他又是什么东西?

比奥最强必杀技——

咻哦哦

嗒嗒嗒

100天没洗的超级臭脚!

……

呢呢呢!

怎么都跑外面去了?

这还用问?

臭鼬和黄鼬

臭鼬

臭鼬遇敌时，会转过身，向敌人喷射一股恶臭的液体。这种液体是由其肛门旁的腺体分泌出来的，会导致被击中者短时间失明，其强烈的臭味在约800米的范围内都可以闻到，并可持续好几天。黄鼬在被追袭时也会从肛门腺体放出"臭屁"。

黑尾鸥

黑尾鸥

黑尾鸥也像臭鼬一样用排泄物来保护自己。在繁殖期，数千只黑尾鸥聚集在偏僻的岛上生活。当秃鹫或游隼入侵时，它们会一齐向敌人喷射"粪便炸弹"，敌人就会因为翅膀上的粪便而不能正常飞行。黑尾鸥甚至会向人类喷射"粪便炸弹"，以抗议人类的"入侵"。

只有南极有企鹅吗？

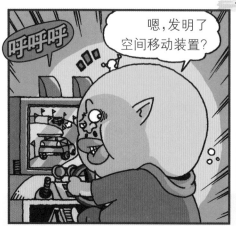

嗯，发明了空间移动装置？

呼呼呼

吸取上次的教训，我做了这个随时可在魔界和人间来回的装置。

嗯，那就欣赏欣赏？

设置目的地后，挤进去就是人间了。

咣当

为什么非要做成这个样子？

手感还蛮好的……

按一按

多好看啊，圆圆的……

没有艺术感的家伙！

有点恶心……

把目的地设置为南非吧。

嘀嘀嘀

就由魔王大人首次享用这个新发明吧。

我？

我看也行！

如果去南非的话，带些非洲企鹅回来吧。

企鹅？

南非也有企鹅吗？

的确有！

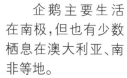

企鹅主要生活在南极，但也有少数栖息在澳大利亚、南非等地。

斑嘴环企鹅又叫非洲企鹅，主要栖息在南非的开普敦。这种企鹅叫声似驴，喜欢在海边抬头张嘴来散热或者晒日光浴。

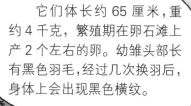

它们体长约 65 厘米，重约 4 千克，繁殖期在卵石滩上产 2 个左右的卵。幼雏头部长有黑色羽毛，经过几次换羽后，身体上会出现黑色横纹。

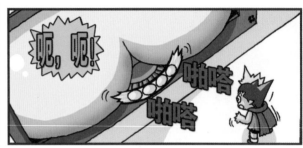

企鹅

　　企鹅是一类善于游泳而没有飞翔能力的中大型海鸟。其前肢发育成为鳍脚,适于划水,虽然在陆地行走一摇一摆的,但在海里每秒钟能游6~8米,65秒内可以下潜70米。企鹅为了躲避天敌海豹等的侵害,成群结队地生活。大多数企鹅以虾、鱼等海生动物为食。可以说,它们的一生在水中和陆地的时间大约各占一半。交配期间,由于雄性较少,所以会有好几只雌性企鹅抢一只雄性企鹅。

王企鹅　浮华企鹅　斑嘴环企鹅

生活在南极、南非等地的企鹅

为什么淡水鱼不能生活在海里？

鱼类生活在水中，会用独特的方式来维持体内水分和电解质(盐分等)平衡。

吸收的过多水分通过尿排出体外，只留下必要的盐分和水分。

淡水中盐的浓度＜淡水鱼的体液中盐的浓度

尿

水

淡水鱼的外部盐度低于身体内部盐度，所以会将水分吸入身体中。淡水鱼如果在海水中就会产生相反的现象，也就是体液会向体外流出，直至脱水而死。

渗透原理

不同浓度的液体透过多孔薄膜相互混合以达到平衡的现象叫渗透。例如,将盐水和纯水用半透膜隔开的话,水(或盐)会流到盐水(或水)的那一侧。动物和植物都是利用增减渗透压来吸收必要的水分和营养成分,排除多余的成分。

鱼类与渗透原理

淡水鱼和海水鱼之所以不能离开河与海,是因为它们各自生活在具有不同渗透压的环境里。在上述例子中,因渗透作用,有将膜两侧的盐度平衡的倾向。但是鱼类的身体构造要求它们体液中盐的浓度必须维持在一个合适的数值上,如果将淡水鱼放入海水中,海水盐的浓度大大超过淡水鱼自身调节能力允许的范围,就会危及生命安全。而如果把海水鱼放入淡水,结果也一样。

海水鱼的渗透原理

海水鱼盐度 1.5%< 海水的盐度 3.5%

排出过剩的盐分

饮入海水

排泄少量尿

过剩的盐分可以通过鳃排出体外

动物会使用工具吗？

你个未开化的人……

什么？

动物园开工建设这么长时间，连一半都没完成，这像话吗？

那个……

人手实在太少，所以有点拖延。

人手不够？

魔界有这么多人口，怎么可能没有人手？

薪水太低，一个个都辞职了。

嗯

确实有点低。

薪水是不怎么高。那就没有什么更好的对策吗？

省钱又有效的方法……

有个很好的办法！

哇呜，利面！

这家伙今天怎么……

大幅度提高施工人员的薪水！

我说有点奇怪嘛！

利用会使用工具的动物怎么样？

嗯？

哆哆嗦嗦

有会使用工具的动物吗？

当然啦

类人猿中的大猩猩、黑猩猩、猩猩都会使用工具。

其中黑猩猩会用石头砸核桃等坚果吃，还会扔石头捕捉猎物。

另外，海獭会把石块放在胸前来敲碎海胆和贝类吃。

黑猩猩

猩猩

啪

大猩猩

海獭

这些高等动物还会用树枝或草棍伸进蚂蚁穴中，等蚂蚁爬上来，然后舔着吃。

好,那马上招些会使用工具的动物去干活!

是,遵命!

不想着工作,只会专心使用工具来吃东西!

干点活吧,你们这些好吃精!

谁又点了拌面?

回家再说……

咯呃呃

嗒嗒

咔吧吧

唰唰

东京饭

嗒嗒

会使用工具的动物

会使用工具的动物比我们想象的要多。埃及秃鹰会用岩石将鸵鸟蛋敲碎来饱餐一顿。栖息在科隆群岛的有些鸟,会用嘴叼着仙人掌刺扎住树枝里的虫子吃,它们不仅能把刺弄成一定的长度使用,有时还会再利用。绿鹭先把粘有诱饵的物体扔进水里,等鱼类聚集到饵料周围后就开始捕食。小嘴乌鸦使用树枝来捕食石缝或树木缝隙中的食物。黑猩猩是最会有效使用工具的动物,最近有人发现,栖息在塞内加尔的黑猩猩用嘴将树枝末端做成锋利的模样后,猎取藏在草丛里的小动物。

会使用工具的动物

动物会伤害自己的身体吗？

啪啪啪

放马过来！

是蜥蜴！

啊啊

这家伙，吓我一大跳！

嗒嗒嗒嗒

抓住了！

咔

唉，都抓住了，没想到断了！

唰

沙沙沙

真可惜！

沙沙

呃！

咔

咦？

不是你弄断的,是蜥蜴自己弄断的。

嗯?

呼,吓死了!

自己弄断自己的尾巴?

无知的家伙!

动物有时会伤害自己的身体来逃命,这叫作丢卒保车(jū)。最具代表性的就是蜥蜴。

绿树蜥

蜥蜴被蛇抓到后,在蛇吃自己的尾巴时故意弄断尾巴而脱身。

尾巴也行吧.

闭嘴细嚼

得救了.

角蜥会使用更奇特的方法——从眼里喷出血来保护自己。它的血可喷出 1 米左右,大多能镇住来犯的敌人。

汪汪

呜哇,原来有这么好的防御方法啊!

所以不能小瞧弱者哟!

必杀之血

能自断尾巴的蜥蜴

蜥蜴在危急时会弄断自己的尾巴，而且不流一滴血。这是一种保护性或防卫性的本领。而且，断下的尾部会扭来扭去地跳动，以引诱敌人，蜥蜴便趁机逃走。虽说它还可以长出新的尾巴，但这样的机会一生只有一次。

会用眼睛喷血的角蜥

角蜥遇到天敌时，会摇晃自己锋利的角来吓唬对方。如果还不见效，它就将眼睑闭合，令其肿大，并发出一声怪叫，从眼里喷射出一股血液。确切地说，这是从眼旁的小孔中喷出来的。角蜥遇到天敌时，头部的血压会上升，眼睛周围的毛细血管膨胀到极限。角蜥一眨眼，血管就破裂，血液汇集到小孔一次性喷出。它的伤口很快就能愈合，对角蜥影响不大。

会用眼睛喷血的角蜥

蛇都有毒吗？

你还要当多长时间大魔王的手下啊,队长?

这家伙!

我已经想好对策了!

把我看成什么了!

原来如此

啪

我是在等待时机,怎么可能就这样放弃啊!

太棒了,队长!

我是谁,我可是意大呀!

意大!

我的计划一成功,大魔王就……

过来清理一下屋子。

是,魔王大人。马上就到!

真高兴!

大笨蛋

我还一直相信他呢.

呼呼，你是说捉一些蛇放到大魔王的卧室里吗？

对！依我看一定能够成功！

但不是所有的蛇都有毒。

怎么找有毒的蛇呀？

嗯？

全世界约有 3000 种蛇，其中毒蛇只有几百种。

眼镜蛇

蟒蛇

响尾蛇

水蚺

毒蛇咬的伤口有两个明显的大牙印，
而无毒蛇咬的伤口是一排整齐的牙印。

蟒蛇

无毒的蟒蛇

蟒蛇是一种体形较大的无毒蛇,全长可达 6~7 米,重可达 50~60 千克。它们栖于林木茂密的山区,有树栖缠绕性,以咬和身体缢缩的方法绞杀猎物。最长达 10 米的网纹蟒可吞下小山羊、小猪或小鹿。

响尾蛇

有毒的响尾蛇

响尾蛇是一种管牙类毒蛇,一般体长为 1.5~2 米,其尾部末端具有一串角质环,为多次蜕皮后的残存物。当遇到敌人或急剧活动时,它就迅速摆动尾部的尾环,每秒钟可摆动 40~60 次,能长时间发出响亮的声音,致使敌人不敢靠近或被吓跑,所以称为响尾蛇。响尾蛇主要在晚间活动,吃老鼠、鸟、蜥蜴等动物。响尾蛇的毒属血液循环毒,毒性随种类的不同而有差异,人被它咬后 30~60 分钟内会死亡。因此,在野外活动要注意防范。

怎样区分蚯蚓的头和尾？

区分头和尾，与吃有什么关系啊？

快放下来！

呃！

啪

有环带的一侧是头部。

蚯蚓的身体呈细长的圆筒形，前端和后端各有嘴和肛门。

它由许多大小一致的体节组成，有环带的一侧是头部。环带是由前端的3~5个体节愈合而成的。

环带

身体的前端和背部有可以辨别光线强弱的感光细胞，有利于它在阴暗的地方活动。

队长你输了，快给我玻璃球！

好、好想吃！

决不给！

嘿嘿嘿嘿

已经这么晚了，我先回去了。

雨后爬出地面的蚯蚓

　　蚯蚓用体壁进行皮肤呼吸。它的皮肤上有区分光线强弱的感光细胞,便于它在黑暗的地方活动。蚯蚓用刚毛支撑地面后收缩体节,再向前舒张,这样重复着向前移动。蚯蚓栖息在潮湿的土壤中,雨后土壤会积水,氧气减少而二氧化碳增多迫使它爬到地面。大量的蚯蚓爬到地面就表示空气湿度比较高,可能会下雨。对雨后有蚯蚓死掉的现象,有人推测是因为蚯蚓在地面上爬行时吸收了紫外线,并遗失过多水分,从而导致死亡。

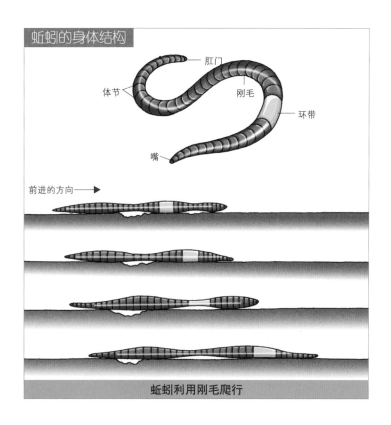

蚯蚓的身体结构

肛门
体节
刚毛
环带
嘴

前进的方向

蚯蚓利用刚毛爬行

鲨鱼为什么游得快？

必杀
屁动力！

砰！

我们旅游太频繁了吧？

哗啦

哪里！6年才出来这么一次……

发什么牢骚啊……

咳，开始钓鱼吧！

到了，魔王大人。

嗯，辛苦了！

您会享受到最刺激的钓鱼乐趣的！

有点紧张呢！

哇

啪嗒

唰啦啦啦

这儿就是有名的钓鲨鱼区域。

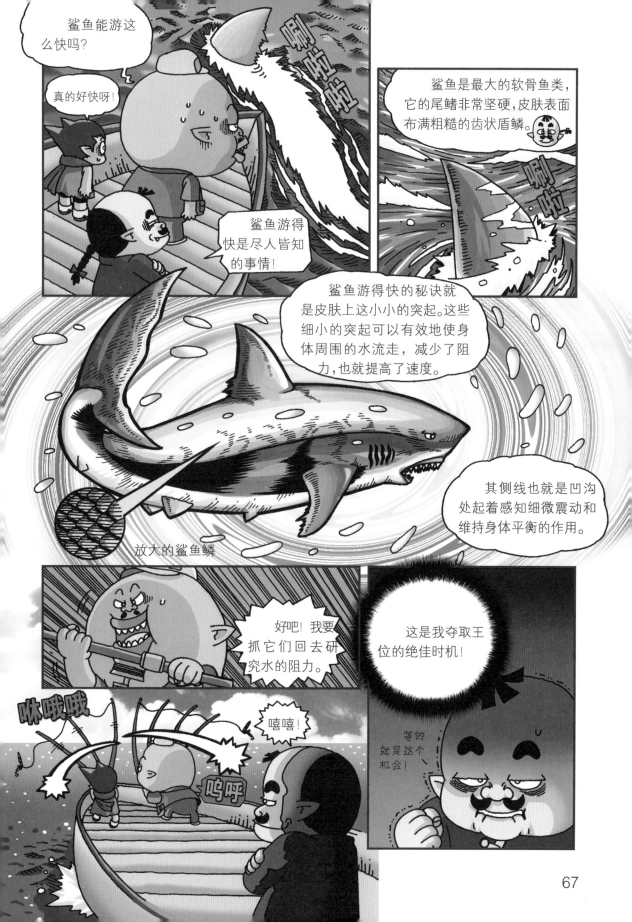

鲨鱼能游这么快吗？

真的好快呀！

鲨鱼游得快是尽人皆知的事情！

鲨鱼是最大的软骨鱼类，它的尾鳍非常坚硬，皮肤表面布满粗糙的齿状盾鳞。

鲨鱼游得快的秘诀就是皮肤上这小小的突起。这些细小的突起可以有效地使身体周围的水流走，减少了阻力，也就提高了速度。

其侧线也就是凹沟处起着感知细微震动和维持身体平衡的作用。

放大的鲨鱼鳞

好吧！我要抓它们回去研究水的阻力。

这是我夺取王位的绝佳时机！

嘻嘻！

等的就是这个机会！

67

鲨鱼的嗅觉

地球上有近 400 种鲨鱼,大多数鲨鱼生活在海里,少数生活在淡水中。鲨鱼在海水中对味道特别敏感。最新研究表明,鲨鱼的鳞片也能侦测猎物的气味,尤其对伤病的鱼类不规则的游弋所发出的低频率振动或者少量出血,感觉敏锐。1 米长的鲨鱼,其鼻腔中密布嗅觉神经末梢的面积可达 4842 平方厘米,如 5~7 米长的噬人鲨,其灵敏的嗅觉可嗅到数千米外的受伤的人或海洋动物的血腥味。

罗伦氏器

罗伦氏器是鲨鱼等鱼类头顶部的由数百个小孔组成的感受器,它不仅可以感受到鱼的心脏和肌肉里放出的活动电流,还可以感知水压、水温和地球的磁场。活着的动物周围都会产生磁场,鲨鱼可以不依靠眼和鼻而利用罗伦氏器来准确攻击隐藏在附近的动物。这个器官连一亿分之一伏特的细微电流都可以感知到,是动物中最灵敏的电流感觉器官。

鲨鱼

狼是狗的祖先吗？

这次不算，重来！

什么？这不是无理取闹嘛！

太卑鄙了！

狗应该和狗斗，你带来的不是狼吗？

哼！

这是犯规，犯规！

你连狼是狗的祖先都不知道吗？

什么？

真无知！

你是狼吗？

科学家不久前证明了狼是狗的祖先，研究发现狗和狼的DNA基因只有0.2%的差异。

那你是狗吗？

狼

阿拉斯加雪橇犬

据说由于狗进化为新种时还保留着狼的遗传特性，所以研究狼的特征对训练狗有一定的帮助。

咻！

狼是狗的祖先就可以了吗？

当然啦！

要不你也带只狼过来……

狗的祖先——狼

狗是人类日常生活中常见的动物,而狗实际上是被驯化了的狼的后代。科学家对来自欧洲、亚洲、非洲和北美洲的上百只狗进行DNA分析后发现,世界上所有的狗的基因都有着相似的基因序列,因此他们得出结论:世界上所有的家犬都是在大约1.5万年前,从东亚狼进化而来的。以拉雪橇闻名的西伯利亚雪橇犬——哈士奇还保留着狼的形态,但大多数的狗都没有狼的形态了。经过几千年的选择性交配,共产生了300多种狗。

狼的特征与习性

狼的外形比狗稍大,吻更尖、长,尾挺直状下垂,毛色棕灰。狼是群居性极高的物种。一群狼的数量在5到12只之间;它们栖息范围广,适应性强,凡山地、林区、草原、荒漠、半沙漠以至冻原均有狼群生存;常夜间活动,嗅觉敏锐,性残忍而机警,极善奔跑,常采用穷追方式捕获猎物,主要以鹿类、羚羊、兔等为食。

由于数量减少而受到保护的狼

老虎和狮子谁更厉害？

老虎肯定能赢！

咳，你这家伙！

你太贬低"百兽之王"狮子了吧！

老虎才是最棒的！

老虎拳法我喜欢狮子

嗷呜呜

意大和利面，你们说呢？

嗯？

我、我不太清楚，但队长说是老虎更……

当然是狮子赢了，魔王大人！

……

没大没小的！

摩擦摩擦

唉，一有机会就拍马屁。

好,那我们就找专家评一评!

好吧!

猛兽研究所

老虎能赢!

呜呼

骗人,不可能的!

这是事实,魔王大人!

历史记录和各种实验都已经证明了!

据说,古罗马斗兽场中进行过多次老虎和狮子的决斗,结果老虎以 7:3 的比例战胜了狮子。据推测,东亚地区过去也生活着狮子,后来败给老虎而消失了。

关于印度狮子栖息地的缩小,印度的动物学家也列举了同样的事例。

老虎对决狮子

自然界中,由于老虎与狮子的栖息地不同,它们之间一般不会发生冲突。如果老虎与狮子一对一决斗的话,大概老虎能赢。从古至今,在人有意使其冲突或它们偶然发生冲突时,老虎一直维持着较高的获胜记录。狮子跑得快,但老虎跳得高,而且比狮子更敏捷,所以在一对一决斗中老虎更有利。

老虎和狮子真的天下无敌吗

其实,老虎和狮子并不是地球上最强大的动物。非洲有好几种动物连狮子都不敢轻举妄动。狮子有时被鬣狗袭击,老虎有时被棕熊袭击。由此可见,老虎和狮子并不是无敌的,只能说在一般情况下占有优势。我们称老虎和狮子为"百兽之王",就是因为它们在一般情况下比其他猛兽更强罢了。

老虎　　　狮子

老虎和狮子

谁是个头最高的陆地动物？

长高的符咒哪去了？

这次动物装扮大会，我们一定要取胜！

扮什么好呢？

狮子怎么样？

狮子太普通了。

这个呢？队长！

爬呀……

爬呀……

取胜应该没问题吧！

你想让我们一起出丑吗？

不、不好吗？

发火

是、是蛹！

长颈鹿呢？

长颈鹿？

长颈鹿脖子的椎骨数和其他哺乳动物一样只有 7 块，但其长度较长。

长颈鹿的肩高为 3 米，身高为 6 米，是陆地上最高的动物。

长颈鹿脖子太长，所以也是世界上血压最高的动物。如果要头触地或喝水，只有叉开前腿才可以。

它如果躺下睡觉的话，在敌人出现时不容易快速逃跑，所以大部分时间是站着打个盹。

好，那我们就扮成长颈鹿吧！

长颈鹿啊？

扮这个吧，队长！

这回又是？

这个不错吧？

是金龟吗？

昆虫不行！

是螳螂！

79

因脖子长而"伤心"的长颈鹿

　　长颈鹿是非洲的特有动物，拥有长长的脖子，其抬起头时，最高的雄性长颈鹿身高可达 6 米，因此是陆地上最高的动物，但是它们的脖子不易弯曲，低头非常不便。人类、猴、鲸、大象、老鼠等哺乳动物都具有 7 块脖子椎骨，长颈鹿的脖子虽然很长，但也只有 7 块脖子椎骨，只是它们的椎骨较长，不易弯曲。如果长颈鹿趴着睡的话，体温容易下降，而且遇敌时起身缓慢，不容易逃跑，所以往往站着睡觉，一次 5~10 分钟，一天才睡 3~4 小时。长颈鹿是世界上血压最高的动物，身高上的优势要求它们拥有比普通动物更高的血压，以便心脏把血液输送到大脑，其血压大约是成年人的 3 倍。幸好它的脑底部有许多毛细血管，能够阻止血液过多地流入脑中，从而起到缓冲的作用。

长颈鹿

秃鹫是清洁工还是猎手？

都给我收拾干净了！

我可是白头海雕吧！

我们是魔界的守护者！

什、什么嘛，太落伍了吧！

减减肥吧……

落伍？

通宵准备的呢！

这可是为了应付以后的各种犯罪和危险情况而制成的！

哇,太帅了!

帅吧?

那个麻雀衣服是在哪买的?

给我也弄一个!

唧唧

喳 喳 喳

麻、麻雀?这可是参考秃鹫而做成的最强的战衣!

秃鹫啊!

书上说有些鹰的行动相对迟缓,所以不狩猎而吃动物的尸体。

嗯?

扑腾扑腾

有的鹰虽然不狩猎,但嗅觉敏锐,可以找出沙漠任何角落中隐藏的食物。

但是像虎头海雕、金雕等鹰科动物主要是通过狩猎来获得食物的。

狩猎的金雕

在那儿!

别过来这是我的!

肉食性鸟类——猛禽

　　猛禽可分为隼形目和鸮形目。鹫、雕、鹰、隼等在白天活动,视力比较敏锐,而鸮形目猫头鹰等则在晚间活动,所以听觉比较灵敏。所有猛禽都具有弯曲如钩的锐利的嘴和爪。有些是捕捉活生生的动物吃,有些只吃死去的动物尸体。隼形目中的大多数不善于行走,最高能飞到5000米高,喜欢在空中滑翔和盘旋。猛禽利用敏锐的视力和尖锐的爪子捕捉到地上的小动物后,会叼到悬崖或大树上的窝中食用。

捕食小动物的猛禽

谁在别人的巢里产卵?

抓到了！

啪！

呼，差点碎掉！

幸亏！

您还好吧？

不好！

那个蛋比我都重要吗？

应该爱护动物嘛……

话说回来，蛋怎么会自己掉下来呢？

我怎么知道啊！

应该是小杜鹃或大杜鹃干的。

小杜鹃或大杜鹃？

不营巢孵卵而产卵于其他鸟类巢中的繁殖方法称为托孵卵。

杜鹃科中的大杜鹃、小杜鹃、中杜鹃、大鹰鹃等都有这种习性。它们会选一些与自己蛋相似的鸟来托孵。

再见了，我的宝贝！

在我的窝里做什么呢？

有两个妈妈的大杜鹃

　　大杜鹃也叫布谷,是典型的不营巢,而把卵产于其他鸟类如苇莺、麻雀、灰喜鹊、燕尾、伯劳、云雀、鹡鸰(jí líng)等的巢内的鸟。雌性大杜鹃先确定目标,等目标巢的雌鸟离开后,就马上飞过去产下卵再迅速逃走。大杜鹃的卵往往比寄主巢里的卵先孵化。孵化后的大杜鹃幼鸟会自然地将寄主的卵挤掉,独享"养母"喂的食物。等大杜鹃幼鸟长大后会随着亲生母亲一起离开,找同类进行繁殖。

什么动物跑得最快？

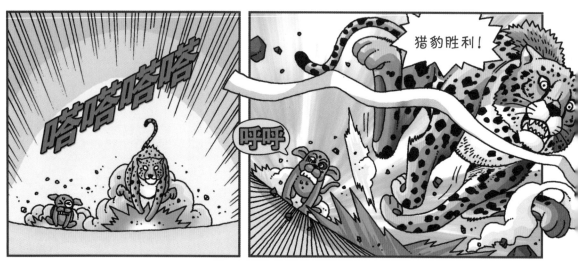

我有办法让你赢,队长!

猎豹是陆地上跑得最快的动物。平均时速为 100 千米,就是说 1 秒钟可以跑 30 米左右。

猎豹跑得快是由于它那长长的腿和柔软的脊椎。更关键的在于它细长的趾爪,就像跑鞋一样可以增加摩擦力。

这就是说如果这个趾爪变短的话,速度肯定会降下来……

啊哈!就是说把趾爪弄没就行了吧?

好了,库拉已经把猎豹的趾爪剪短了。

哼,走着瞧!

这是什么?不是上次丢人的那只杂种狗嘛!

嘻嘻

什么,杂种?

那就开始第二次比赛吧!

我要让你一败涂地!

奔跑速度最快的动物

　　猎豹外形似豹,现分布于非洲,栖息于有丛林或疏林的干燥地区,平时独居,仅在交配季节成对,也有由母豹带领 4~5 只幼豹的群体。猎豹是奔跑速度最快的哺乳动物,平均时速为 100 千米,以羚羊等中小型动物为食。除以高速追击的方式进行捕食外,猎豹也采取伏击方法,隐匿在草丛或灌木丛中,待猎物接近时突然蹿出猎取。猎豹在捕食时,会紧盯住一个猎物不放。猎豹通常狩猎体重 60 千克以下的高角羚、角马等,一般不会危害人类和家禽。捕食后,猎豹极度疲劳,为了防止其他猛兽抢夺食物,常常就地将猎物吃掉。猎豹除了尖锐牙齿外没有其他可用的武器,所以不善于防御其他猛兽攻击自己的幼崽。猎豹易于驯养,古代印度的皇室经常利用猎豹进行狩猎。

短跑之王——猎豹

植食动物的角有什么用？

我倒有个好办法。

嗯？

只要安上植食动物的角就可以了。

植食动物的角？

嗡嗡

实角

驯鹿

马鹿

植食动物的角各式各样，可分为洞角、实角和表皮角等五种类型。

通常认为植食动物的角是防御肉食动物的武器，其实更多是用在鹿群间争抢领地或争夺配偶上。

啪

洞角

黑尾牛羚

黑斑羚

决斗的公山羊

此外，成长中的角可通过血管来散热，所以角还有防止体温上升的功能。

哞——（不怎么热啊！）

热得我都不能打猎了！

哇，那如果安上植食动物的角就不会觉得热了吧？

真是个好主意！

这就给您做符咒。

植食动物的角

　　从非洲羚羊到生活在北部寒冷地带的驯鹿,全世界分布着各种各样长有大角的动物。动物角的形态各种各样,可分为实角、洞角和表皮角等五种。骨质构成的实角交配期一过,就会脱落,但是几个月后又会长出新的角。洞角由真皮的骨质心和表皮角质鞘组成,跟指甲和头发一样由角蛋白构成,可以一直长。有的水牛的角竟可以长到1.8米以上。在交配期,公野牛会头顶着头、角顶着角地格斗,比力气。马鹿在比力气时,由于僵持时间过长,有的会因体力不支而倒毙。

长有枝角(上)和洞角(下)的动物

鸟是怎么飞行的？

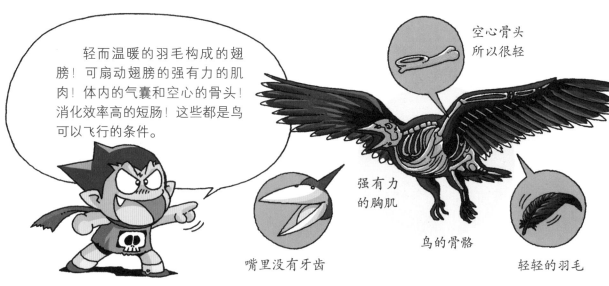

轻而温暖的羽毛构成的翅膀！可扇动翅膀的强有力的肌肉！体内的气囊和空心的骨头！消化效率高的短肠！这些都是鸟可以飞行的条件。

空心骨头所以很轻

强有力的胸肌

鸟的骨骼

嘴里没有牙齿

轻轻的羽毛

有这些必要的飞行条件共同作用，才能飞行。

知道得很详细嘛！

那可不可以让我先使用啊？

做梦都想飞！

好吧，让您先用一下吧！

有点胆怯呢，还是你来推我吧！

哈哈

真高啊

快点飞吧！

校长，加油！

1—2—

轻点！等、等一下！

3

啊啊啊

啪

鸟类飞行方式

　　游隼每小时可飞行320千米，蜂鸟由于扇动翅膀的方式很独特，即使没有风也可以像直升机一样随意飞翔。鸟类的飞行方式有多种，有像雁一样平稳飞行的，有像白鹡鸰、大山雀、杂色山雀、北红尾鸲(qú)和云雀等那样呈波浪状飞行的，还有像鹰、红隼、隼和黑鸢一样伴着空气流动而滑翔的。

☠鸟群呈"V"字或"W"字组队飞行的原因

　　我们常常可以看到鸟群在飞行时，后面的鸟会跟在前面鸟的翅膀的附近飞。在这种情况下，后面的鸟可以利用上升气流来减少扇翅的次数和心跳数，进而减少11%~14%的能量消耗。这样飞不仅可以互相照应，及时交流信息，还可以防御猛禽的袭击。

组队飞行的鸟群

刺猬是怎样抚育幼崽的？

是刺猬？

怎么会在这儿？

这是我的宠物刺猬。

拿刺猬当宠物？

多可爱呀！

嘟嘟嘟！

怎么会是刺猬？

刺猬身上不都是刺吗？这家伙还挺光滑啊？

这是刺猬吗？

刺猬身体的背部和两侧长满了又短又粗的刺状毛。

除了脸、腹、尾巴和四肢，全身密密麻麻地长有 1.6 万多根尖锐的刺状毛。

这种刺状毛并不是攻击用的，而是防御用的。交配和抚摸幼崽时，还有被人当宠物养的时候，刺猬会把刺放倒，防止扎到对方。

啊啊啊

浑身带刺的刺猬

刺猬是一种长不过 25 厘米的小型哺乳动物,嘴尖,耳小,四肢短。虽然身单力薄,行动迟缓,却有一套保护自己的本领。刺猬身上长着粗短的棘刺,连短小的尾巴也埋藏在棘刺中。当遇到敌人袭击时,它的头朝腹部弯曲,身体蜷缩成一团,包住头和四肢,浑身竖起钢针般的棘刺,宛如古战场上的"铁蒺藜",使袭击者无从下手。刺猬和鼹鼠一样,属于食虫类动物,分布于亚洲、欧洲、非洲的森林、草原和荒漠地带。除了脸、腹、尾和4 条腿没有刺以外,刺猬背部和体侧长了 1.6 万多根尖锐的刺状毛。刺猬的孕期为 5~6 个月,出生时就长有刺。刚出生时的刺很柔软,经过一天半到两天,就会长出较硬的刺,刺长得很快,而且又硬又长,十分锋利。

长满尖锐棘刺的刺猬

什么动物善于挖洞?

咇！

哇！

什么呀！

这个看起来应该是利面的作品啊！

这是模仿"挖洞高手"鼹鼠而设计的机器人。

鼹鼠的前肢长得像铲子,特别适合挖洞。

鼹鼠?

鼹鼠利用尖尖的吻和宽宽的四肢挖洞,挖出 3~5 米长的地洞来生活。洞里根据用途分成几个区域,而且会一直传下去供其子孙使用。

客厅

卫生间

哺乳室

在挖洞时推出的土形成的小土堆,被称为"鼹鼠土丘"。

你是说用那个机器人挖地洞来修理水管吗?

是的,魔王大人!

哇呜

跳跃

跳跃

哇,太帅了!

善于挖地洞的鼹鼠

鼹鼠的前肢和吻部特别适合挖洞,它眼睛虽小,但其嗅觉、触觉、听觉却非常发达。对地面的震动异常敏感的鼹鼠,只要人类一接近,就会马上躲到地底下,很难被发现。它的前肢又大又宽,像两只铲子。相反,它的后肢就比较小。鼹鼠在扩大或维修地洞时形成的土丘对树根有害,但也起着给土壤补充空气的作用。地洞不只是单纯的通道,也是一种捕猎的陷阱。鼹鼠以蚯蚓、昆虫的幼虫、蜈蚣等为食,只要它们将部分身体伸进地洞,就会马上被鼹鼠拖进去吃掉。鼹鼠的食量很大,一天吃的食物量超过自身的体重,如果它10~12小时不进食,就有可能饿死。

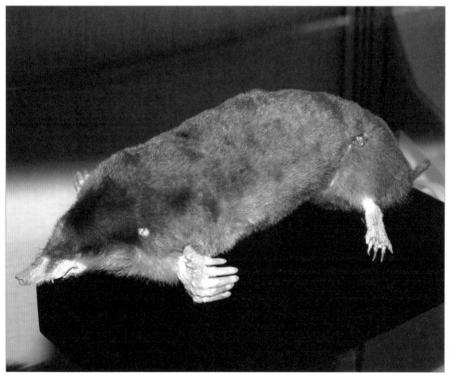

鼹鼠前肢呈铲状

鹤为什么单脚站立睡觉？

好累，睡不着啊！

呀呼，是滩涂*！

*滩涂:海滩、河滩和湖滩的总称。它是大海等水体满潮与低潮之间形成的潮间带，许多动物就生活在这里。

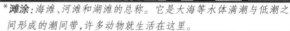

去抓长蛸*吧！

我要鲨鱼！

别跑得太远了，小心点！

扑通

扑通

*长蛸:章鱼的一种,属头足类章鱼科动物。

哇，是长蛸啊！

翻来翻去

鸟类的睡姿

　　鸟类有直立而睡、缩着脖子睡、浮在水面上睡等多种多样的睡觉姿势。据说,欧洲的燕子在飞行时睡觉也不会掉下来或发生冲撞。大多数鸟类都是昼行性动物,通常选择在晚间睡觉,但在吃饱了或结束了各种活动时,偶尔也会在白天睡觉。小鸟一般会蹲伏在树枝上睡觉,趾呈弯曲状,紧紧地握住树枝,所以不会掉下来。还有,鸭子通常蹲坐在地上,将头埋到身子里睡觉。鹤睡觉时单腿站立,把头埋到身子里。

将头埋在身子里睡觉的鹅

什么动物把胃吐出来又吞进去?

嗯?

只是有点空空的, 没什么大碍。

病人在那!

呃, 好像更严重了。

胃中有些异物。

异物?

没什么大碍, 您大可放心!

辛苦了!

呼, 幸亏!

行礼

魔王大人, 利用魔法把蛙的胃移植到王子身上怎么样?

这又是哪门子对策?

青蛙的胃?

这是因为凭蛙的视力分辨不出苍蝇和蜂, 只要是动的东西它都一律吞掉。

蛙偶尔把蜂误认为苍蝇而吃掉。蜂要是用刺刺了蛙的胃的话, 蛙就会把胃和蜂一起吐出来, 再把胃吞回去。

啪

先吞了再说吧!

115

介于鱼类和爬行动物之间的两栖动物

两栖动物是最原始的陆生脊椎动物，既有适应陆地生活的新的性状，又有从鱼类祖先继承下来的适应水生生活的性状。多数两栖动物需要在水中产卵，发育过程中有变态，幼体(蝌蚪)接近鱼类，而成体可以在陆地生活，但是有些两栖动物进行胎生或卵胎生，不需要产卵，有些从卵中孵化出来几乎就已经完成了变态，还有些终生保持幼体的形态。目前世界上有4000多种两栖动物，包括有尾的隐鳃鲵类、小鲵类、蝾螈类等，无尾的蛙、蟾蜍等，以及没有足的鱼螈、吻蚓等。

擅长游泳和跳跃的蛙类

蛙泛指皮肤光滑、善跳的无尾目动物，以区别体肥、皮肤多疣、不善跳跃的种类(称为蟾蜍)。一般来说，蛙类的特征是：突出的双腿；无尾；后足强壮有蹼，适应于游泳和跳跃；皮肤光滑、潮湿。许多种类为水生，但有些种类陆栖，栖于洞穴内或树上。蛙利用肺和皮肤进行呼吸。雄性蛙具有外声囊，常在雨后发出鸣叫，这多半是在向雌性求爱呢。

随环境改变颜色的蛙

哺乳动物也产卵吗？

邪恶到底

是在比奥的房间附近发现的吗？

是的！

圆圆的，不像鸡蛋，这是什么蛋呢？

我来查一查吧。

嗯，有什么好办法吗？

舔来舔去

直接打碎看看怎么样？

喂

滋滋滋滋

咣当

不会是鸟蛋，应该是哺乳类动物的蛋吧？

哺乳类？

哺乳类动物也产卵吗？

虽不常见，但鸭嘴兽和针鼹就是产卵的哺乳动物。

它们虽然有乳腺、皮、毛和完整的横膈膜，但雌兽没有胎盘，所以生不了幼崽。而且这种动物没有乳头，只能通过皮肤来喂养幼崽。

从卵中孵化的针鼹幼崽

鸭嘴兽

针鼹

鸭嘴兽一次产 1~3 个卵，10~12 天以后会孵化，幼崽就伏在母兽腹部上舔食乳汁。

吃奶的鸭嘴兽幼崽

照顾幼崽的鸭嘴兽

这就是鸭嘴兽的蛋吗？

我要孵化看看！

从大小和形状来看就是。

哺乳动物的分类

哺乳动物可分为单孔类、有袋类和胎盘类。单孔类是指那些经过体内受精后产卵，给幼崽哺乳的动物。有袋类是指像袋鼠和树袋熊一样，将产出的幼崽放进育儿袋中养育的动物。胎盘类是指在母体内吸收胎盘中的营养而产出成熟幼崽的动物，大多数哺乳动物都属于胎盘类，包括人。

单孔类动物

所谓单孔类动物，是指处于爬虫类动物与哺乳类动物之间的一种动物。它虽比爬行类动物进步，但尚未进化到哺乳类动物。两者相同之处在于都用肺呼吸，身上长毛，且是热血；而单孔类动物又以产卵方式繁殖，因此保留了爬行类动物的重要特性。鸭嘴兽和针鼹是现存最原始的哺乳动物，也是典型的单孔类哺乳动物。鸭嘴兽每年7~10月产1~3个直径为1.6~1.8厘米的白色卵。针鼹的繁殖期在7~9月份，一次只产1个卵，经过10~11天就孵化出幼仔，进行哺乳。

鸭嘴兽　　　　针鼹

产卵的单孔类哺乳动物

鸟儿为什么会鸣叫？

比奥笨蛋！

啊！

呜哇，这是真枪吗？

还挺沉呢！

砰

啊哈是吗？

呀

枪是真的，但子弹是用橡胶做的橡胶弹。

呃！

虽说是橡胶弹，但其威力足以让人休克！

哇！

叽叽

叽叽

哐

啪

那就请用这把枪在人间活捉些鸟类吧！

站住，你这家伙

遵命！是！

想知道鸟类的位置只要掌握叫声就行了。鸟类在告知食物所在地、危险来临和求爱时都会发出叫声。

也就是召唤对方的信号。为了强调自己的领域，雄性鸟会叫得更长、更有节奏。

喳喳喳

喳喳喳

比赛唱歌的雄性极乐鸟

雌鸟在责备或呼唤幼崽时也会叫。在森林中，听声音比看对方更方便，所以会采取这种方式。

咕咕

咕咕

给幼崽喂食的黑鸢

也就是说，通过鸟类的叫声不仅可以知道位置，连为什么叫都可能知道，对吗？

没错，只是不容易听懂罢了。

轰隆隆

去去就回！

一路顺风啊！

有种不祥的预感。

咻哦哦哦

哇，太厉害了！

一转眼就到了人间。

鸟类的交流

　　鸟类虽然不能像人类那样通过语言来进行交流，但可以利用叫声和行为来交流。喜欢群居生活的鸟类，只要有敌人出现就会发出只有它们能理解的叫声，然后进行夹攻，迅速而有效地赶走敌人。有时，它们会发出很小的声音来呼唤同伴，有时通过发出警告音或高低不同、大小不同的叫声来传达自己的心情和状况。鸟类不仅可以模仿群体内其他鸟的叫声，甚至还有它们自己的"方言"。有些鸟类会发送一些视觉信号来驱赶竞争者，如把翅膀伪装得凶猛一些，有些鸟类会利用保护色以蒙骗捕食者。羽毛不仅可以用来遮风挡雨、抵御寒冷，还可以作为向配偶传达爱意的工具。

雄性孔雀开屏，以吸引雌性孔雀

鸟儿为什么不撒尿？

竟然往魔界王子身上撒尿！

看你往哪跑！

等一下！撒尿的不是鸟！

嗯？

昆虫、爬行动物、鸟等为了适应缺水的环境，只排泄不溶于水的尿酸，所以不可能撒尿！

是吗？

鸡或鸟的大便有一些白色的物质，这就是尿酸。通常，排泄尿酸的动物基本不会排出水分，所以在缺水的地方它们也能生存。

好害羞啊！

尿酸

那么，是哪个家伙……

是我！

咦？

啊啊原来是人的尿！

呀啊

啪

哗啦

什么嘛，白痴！

动物的代谢废物

　　生物代谢产生的废物必须排出体外,否则将破坏动物体内环境的稳定,导致中毒。动物的代谢废物主要是细胞呼吸产生的二氧化碳、蛋白质等分子分解产生的含氮废物,如尿素、尿酸等。呼吸系统负责排出二氧化碳等。排泄系统则是排出含氮废物。不同种类的动物,分解出来的代谢废物也有所不同。

☠**氨**:无色气体,有刺激性臭味,易溶于水。例如:水生无脊椎动物和硬骨鱼类的排泄物。

☠**尿素**:无色晶体,易溶于水。例如:哺乳类、两栖类、水生爬行动物和软骨鱼类的排泄物。

☠**尿酸**:微溶于水,易形成晶体。例如:节肢动物、昆虫类、鸟类和陆生爬行动物的排泄物。

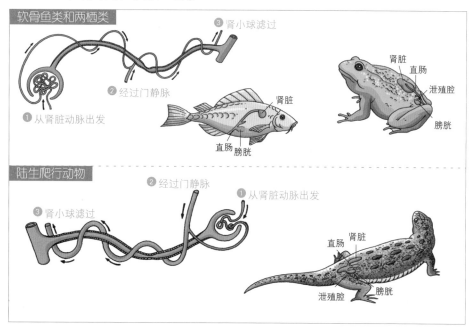

大象鼻子能做些什么？

哇，真凉快！

咦？

啊，路被堵住了。

呃啊，只好绕着走了！

我来帮你们吧！

嗯？

只要利用大象，这些障碍物很快就能处理掉。

大、大象？

别总跟着我们！

真想扔过去！

你想怎么帮我们啊？

哼

像翅膀一样扇动的大耳朵

大象的体毛很少,浑身覆盖着褶皱的皮肤,但皮肤比人们想象的娇嫩,被虫子轻轻咬一下也会留下伤痕。大象非常喜欢洗澡,因为它不会出汗,洗澡后水会进到褶皱中而降低体温。与其他部位相比,大象耳朵上的血管较多,可以起到散热的作用。所以,它们喜欢扇动大大的耳朵来调节体温。

亚洲象与非洲象

象是陆地上最大的动物。它那柔韧而肌肉发达的长鼻有缠卷功能,是它自卫和取食的得力工具。大象仅存两种,即亚洲象和非洲象。亚洲象现主要产于印度、泰国、柬埔寨、越南等国。中国云南省西双版纳地区也有小的野生种群。非洲象则广泛分布于整个非洲大陆。非洲象耳朵大,脊背向下塌陷,不论雌雄都有牙。而亚洲象的头和背都很圆,脊背略微向上拱起,只有雄性有牙。亚洲象体长约 5 米,体重 4 吨左右,而非洲象体长约 7 米,体重 6 吨左右,比亚洲象大一些。

陆地上最大的动物——大象

行动最慢的动物是什么？

乌龟胜利！

呃…

树懒？

长得还真奇怪！

是的，魔王大人！

是猴子吗？

看它在南美洲徘徊，就给带回来了，应该会有用处吧？

沙沙

呼，那就让它做做魔界的一些杂活吧。

应该没问题。

咻哦哦

那就试着捡过来吧。

小事一桩嘛！

哇！是无敌卡片！

是我一直爱惜的东西。

啪

134

树懒是陆地上行动最迟缓的动物。

嗯?

你、你,是怎么搞的啊!怎么这么慢哪!

树懒体长为 60~70 厘米,长有又长又尖锐的爪。在地面上只能靠趾爪来移动,所以大部分时间都挂在树上,平均每天睡 18 个小时。

磨磨蹭蹭

呼哧

三趾树懒

竟然比我这只蚯蚓都慢!

树懒的平均移动速度为时速 900 米,最快也就 1 千米左右,但游泳技能较好。和其他陆地动物相比,树懒潜水的时间较长。

二趾树懒

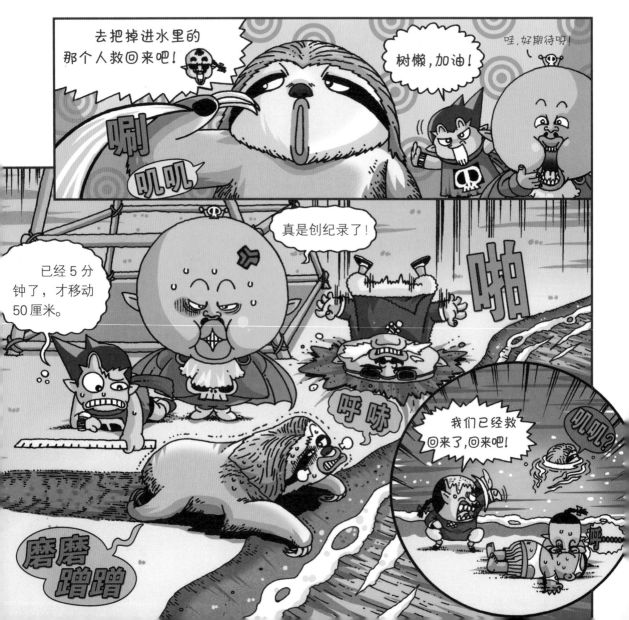

身上长植物的树懒

树懒是唯一身上长有植物的野生动物。树懒的体毛长而粗,为藻类提供了生存条件,雨季时,藻类在体毛表面的凹陷处生长,使浅色毛皮变成绿色。它们主要吃树叶、嫩芽和果实。树懒终年栖居树上,用趾爪钩住树枝倒挂身躯,并在树上移行,可防备食肉兽的袭击,天敌为蟒蛇和猛禽。它们能长时间倒挂,甚至睡觉也是这种姿势。

挂在树枝上的二趾树懒

变色龙为什么会变色？

但这种东西是怎么做出来的呀?

受到变色龙的启发呗。

变色龙?

爬行动物属于变温动物,体温会随着环境温度而改变。

特别的是,变色龙会根据环境、气温和情绪的变化而改变身体的颜色和图案。

变色龙会将暗黑的保护色变成明亮的颜色,以警告入侵者离开自己的领地。

枯叶侏儒变色龙

完美伪装高手:米勒变色龙

用这个申请专利的话,就可以变成富翁!

咦?

啊啊?

唰

咻哦

你这个小偷!

啊啊啊!

借用一会儿!

谢了!

嗒嗒嗒嗒

变身天才——变色龙

从体长 3~4 厘米的枯叶变色龙到体长约 60 厘米的奥力士变色龙,世界上共有 80 多种变色龙。它们主要分布在非洲大陆和马达加斯加岛,再向东至印度。它们皮肤的颜色和图案会随着光线、温度、环境和情绪等因素而改变,所以叫变色龙。它们生气时皮肤会变成鲜艳的亮色;交配期间,雌雄两性各展现出吸引对方的颜色,以取悦伴侣。

灵活转动的眼球

变色龙的眼睛十分奇特:眼帘很厚,呈环形;两只眼球突出,能左右180 度转动;左右眼可以独立活动。这些特点在动物中是罕见的。巡逻时,它的两只眼球可分别转动,眼球上只留下一条窄缝,一只眼睛注意环境,一只眼睛盯住所发现的猎物。一旦锁定猎物,它的两眼会一齐聚焦,精确瞄准,再射出舌头,准确地将猎物捕获,几乎百发百中。它的舌头很长,舌尖较宽,就像能抓握物件的手掌,而且上面有腺体,其分泌物可粘住昆虫。

善于改变身体颜色的变色龙

龟为什么把头缩在壳里？

呀啊啊，放马过来吧！

用一只手就可以搞定！

唰

你的动作太慢了，破绽百出！

啪

啊

头快要碎了！

呃啊啊啊！太卑鄙了，我还没准备好！

刚才还说能看出我的破绽，这都躲不开啊？

滚来 滚去

你这水平在武术大会上得奖应该设什么问题，还有什么不满意的啊？

并非如此，魔王大人！

比奥王子的攻击力确实无懈可击，但是防御力还有所欠缺。

离大会就剩两天了，还有办法提高防御力吗？

怎么说也是个王子！

我有个好主意——

利面，把准备好的东西拿过来！

啪啪

沙沙

嘻嘻！

咿，那不是龟壳吗？

唰

大多数龟鳖目动物用由特殊的皮肤和肋骨分化成的软骨背甲和胸甲来保护自己，这是区别于其他爬行动物的特征。

龟壳老化了就会脱掉一层，重新长出新的壳层来。

啊啊！

咻

象龟

典型的长寿动物——龟

龟是爬行动物中存在最久的动物之一，还是典型的长寿动物，有的寿命达150岁以上。除了少数海龟类，大多数龟生活在河、湖、沼泽等地。不管生活在哪儿，它们都会在岸上产卵。龟以植物、贝类、鱼类为食。龟具有保护性骨壳，覆以角质甲片，有的龟头、尾和四肢能完全缩进壳内。壳分为上、下两半，上半部即背甲，下半部即胸甲，背甲与胸甲两侧相连。这是它区别于其他爬行动物的特征。

☠曲颈龟和侧颈龟

根据颈部收缩的方式，龟可分为颈部可缩回甲壳内的曲颈龟和不能缩回甲壳内的侧颈龟。曲颈龟包括现存的大多数龟鳖类，多数种类的颈部能呈"S"形缩回甲壳中。曲颈龟分布广泛，世界上大多数温暖地区的陆地、淡水和海洋中均能见到，而比较集中分布在北半球的温热带地区。侧颈龟的主要特征是颈部不能缩进甲壳内，仅能在水平面上弯向一侧，将头藏在背、胸甲之间。

体形最大、活得最久的象龟

狮虎兽和白虎是怎样产生的？

我帮你变身为白虎！

魔界动物园

终于弄得像样点了！

嗯。

这都归功于我做事效率高哇！

这是什么动物啊？

因为谁才延长了3个月来着？

哇，天气真好哇！

咦？

给我食物！

什么动物呢？

有点像老虎，又有点像狮子！

146

狮子和老虎的染色体都是 38 个，所以它们两是可以结合的。

是狮虎兽。

是我们动物园的宝贝！

狮虎兽?

雄性狮子和雌性老虎生出来的叫狮虎兽，而雄性老虎和雌性狮子生出来的就叫虎狮兽。在自然界中，这两种情况都不容易发生。

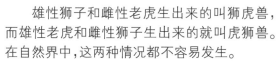

雄性狮子 + 雌性老虎

雄性老虎 + 雌性狮子

狮虎兽

虎狮兽

这里还有只白色的老虎！

白虎和白狮是带着白色基因出生的。全世界白虎只有 100 多只，白狮只有 50 多只，它们是出生率特别低的稀有动物。

哇，还有白色的老虎！

它叫白虎。

真稀奇！

还有白狮呢！

哇啊！

我比你更珍贵！

白虎

白狮

算你狠！

狮虎兽是怎样产生的

　　狮虎兽是雄性狮子和雌性老虎交配产生的后代,身躯庞大。狮子是群居性动物,所有雌性狮子都由狮子首领独占。老虎是独居性动物,雄性狮子和雌性老虎就有可能配对生子。雄性老虎和雌性狮子配对的可能性也很小。狮虎兽很罕见,而虎狮兽更为稀有——它们都是人工干预、配对的结果。狮虎兽的体形比狮子大,而虎狮兽的体形比狮子小。

白虎、白狮在野外不易生存

　　白虎是孟加拉虎的白色变种,原产于中国云南、缅甸、印度及孟加拉等地。野生白虎已经灭绝,现在的白虎都是人工繁殖的。白虎和白狮的白毛虽然很新奇,但因白色显眼,不利于捕食。虽然它们捕食时,通常会躲到草丛或树木后,但还是很容易被其他动物发现。而且,它们的免疫力也比正常的狮子和老虎低,很容易生病。

狮虎兽　　白虎

在野外罕见的狮虎兽和白虎

蝙蝠真的吸人血吗?

要想在动物园工作，就应该有一定的动物常识。

这你就放心吧。我可是人间的"森林之王"啊！

哇！

那你就回答我出的题吧。

随便出！

蝙蝠吸不吸人血？

啊哈，这正好是我知道的！

嘿嘿

惊吓

它吸人血，但主要还是吸动物的血！

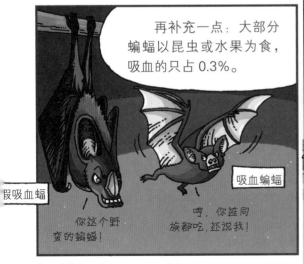

再补充一点：大部分蝙蝠以昆虫或水果为食，吸血的只占 0.3%。

段吸血蝠

吸血蝙蝠

你这个野蛮的蝙蝠！

哼，你连同族都吃，还说我！

吸血蝙蝠鼻子周围有感知温度的器官，很容易找到血管，它通常利用尖锐的牙齿来咬破家畜的脖子或耳朵,舐食流出的血。

* 吸血蝙蝠之所以危险不仅因为吸血,还因为它可能传播狂犬病。

会飞的哺乳动物——蝙蝠

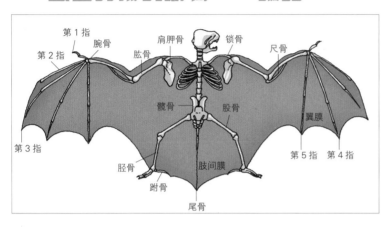

蝙蝠是唯一可以像鸟一样飞行的哺乳动物。蝙蝠身体的构造和机能都很适合飞行,其行为也与飞行有密切的关系。蝙蝠的膝关节进化得适合倒挂在洞穴壁上,并能转身四处观察。蝙蝠飞翼的骨骼数和机能与人类的胳膊非常相似,但膝下骨骼与人类骨骼方向相反,所以除了飞行外,它只能悬挂着,其心脏和血管的构造可以防止脑充血。

蝙蝠大而有力的爪子适合倒挂

北极熊也
冬眠吗？

这是利用不冬眠也能抗寒的北极熊皮做的皮袄。

为了做这个，我都两天没睡觉了！

北极熊不冬眠吗？

之前电视上说它好像冬眠吧？

熊生活在四季分明的地方，通常会冬眠，但在四季酷寒的北极例外。

北极熊针毛层里面还长有厚实的绒毛层，特别保暖。

针毛层

绒毛层

动物在缺少食物的地区，为了降低能量消耗会冬眠，也有少数不冬眠的；在食物丰富的地区，动物一般不会冬眠，它们捕捉猎物，来补充能量。

你给我站住！

这家伙怎么不冬眠啊？

那现在就穿上试试！

一定很暖和！

砰

熊为什么冬眠

　　爬行动物等变温动物的体温随环境温度的降低而降低,所以会以冬眠的方式来调节新陈代谢的速度。在体温不随环境而变化的恒温动物中,少数体形大的哺乳动物如北极熊要么寻找食物,要么利用睡觉来减少活动以安全越冬。除北极熊外,熊科其他动物也是这种不典型的冬眠哺乳动物,它们不是根据外部温度的变化,而是根据周围食物量而决定是否冬眠,因此不是真正意义上的冬眠。北极熊冬季虽然不冬眠,但也会大睡一场。当进入大睡的时候,它们维持身体运转的养料和水分都来自存储在体内的脂肪。在食物缺乏的季节,这些脂肪是它们维持生命的关键因素。

根据食物情况来决定是否冬眠的北极熊

动物也有血型吗？

哼哼哼……

我们可是流着同样的血啊！

什么，两头猪打架，其中一头受了重伤？

猪

你是怎么管理动物园的？还有一个礼拜就要开业了！

对不起！

不能挽救了吗？

嗯。

倒是有一个方法。

哼哼

只好在魔王大人知道前把它给吃了！

消灭证据。

消灭证据

哐

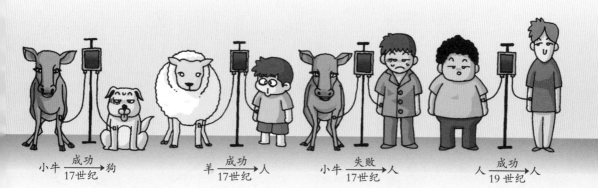

人类可以献血、输血。动物也同样可以在紧急状况或免疫力低下时，从同种身上输血。医学界最初尝试的是将动物的血液输到动物身上，之后将动物的血液输到人类身上，然后才是将人的血液输到人身上的。

小牛 成功 17世纪 狗　　羊 成功 17世纪 人　　小牛 失败 17世纪 人　　人 成功 19世纪 人

要抽我的血输给猪?

是的!

已经检查了其他所有猪的血液，但都不符合。

所以才拜托可以输给所有生命体血液的魔王大人的!

嗯……只好这样了!

啊啊啊血好像全都被抽出去了!

扑腾

扑腾

唉,连这都承受不了!

几天后

……

哼哼哼

啊,太沉了……还我的头来!

自从输了魔王大人的血后,病是好了,但头变得越来越大……

它在我们动物园中可是个大明星啊!

大魔王猪

完全一样啊

简直就是孪生兄弟嘛!

住嘴!

啊啊

真稀奇

赶紧把牌匾拿下来!

动物的血型与输血

为了挽救动物的生命,人类会在动物病危或免疫力低下时给它们输血。大多数动物都可以不分血型来进行输血,但狗却有所不同。与人的 O 型血一样,狗的 −A(阴性)型血是通用型血,输给具 −A 或 +A 血型的狗都行,没有副作用。而具 +A 血型的狗只能输给同样具 +A 血型的狗。除了用于输血,动物的血型还在亲子鉴定、确认血统、各种族间的区分等方面发挥作用。人类一般有 A、B、AB、O 四种血型,但动物则有很多种血型。

动物	血型
牛	A B C F–V J L M N S ZR'–S' T'
绵羊	A B C D I M R–O X–Z Hel T
马	A C D K P Q U T
猪	A B C D E F G H I J K L M N O
狗	A B C D E F G

部分动物的血型

有不能飞的鸟吗？

企鹅也是鸟，队长，只是不能飞而已！

企鹅是鸟？

真无知！

鸵鸟、企鹅、鸸鹋、鸡、鹅等都是鸟类，却都不能飞！

企鹅很久以前是会飞的，后来生活在南极，在海里捉鱼，翅膀渐渐演化成了鳍状。企鹅在海里每小时可游 10~20 千米，可潜 5 分钟左右的水。

鹅　　鸡　　无翼鸟　　企鹅

鸵鸟用强健的腿奔跑来捕食昆虫和小动物。它虽然有翅膀，但由于身躯庞大而飞不起来。

我可以让你像其他鸟一样飞行！

嗯？

怎么了啊？

喳？

163

不能飞的鸟

地球上现存不能飞的鸟可分为 3 种:1.因翅膀退化而不能飞,但长有又长又壮的腿、跑得极快的平胸鸟,包括鸵鸟、鸸鹋、鹤鸵、美洲鸵鸟、几维鸟等;2.企鹅是一类善于游泳而没有飞翔能力的中大型海鸟。为了在海里捕食,它的前肢发育成为鳍脚,适于划水;3.经人类长期驯化培育、生存繁衍,并具有一定经济价值或玩赏价值的鸟类,如鸡、鸭、鹅等。

平胸鸟和家禽

鳄鱼是怎样呵护幼鳄的？

我可爱的小宝贝！

过来一起玩吧！

不,不用了!

魔王大人盼望已久的动物园终于开业了。

恭喜父皇!

魔界动物园

这期间,你的功劳最大了!

嘿嘿,哪里

但是——

怎么一个游客都没有呢?

开业第一天,所以……

猴子

哈欠

父皇,你看小鳄鱼!

小鳄鱼?

你从哪儿抱来的啊?

我看它在那边爬来爬去。

是尼罗鳄的幼崽!

危险吧?

嘎啊啊!

嘎啊啊!

尼罗鳄挖洞产卵后用沙子盖起来。小鳄鱼孵化后,发出声音找妈妈。

听到声音的母鳄鱼,就会把它们挖出来,一只一只含在嘴里。之后就会在太阳照射的浅水边生活6~8周。小鳄鱼如果遇到危险就会发出低低的叫声,母鳄鱼就会急忙赶过来。

你的意思是,母鳄鱼就在这附近吗?

大概是吧。

167

拥有强有力颌骨的鳄鱼

鳄鱼一般指分布广泛的鳄目类的动物,可分为鳄科、鼍(tuó)科、长吻鳄科,全世界共有23种鳄。它们外表和蜥蜴有些类似,属肉食性爬行动物。捕食时,它们先用牙齿和强有力的颌将猎物拖进水中,等猎物溺死后再用锋利的牙齿咬住猎物的肉并旋转身体,撕下肉块吞进肚里。除了晒日光浴和产卵时会上岸,大部分时间它们都会栖息在热带和亚热带地区的河、湖等淡水中。

鳄鱼进食时为什么流泪

鳄鱼在进食时掉眼泪并不是因为伤心。鳄鱼分泌唾液的神经与分泌泪腺的神经是一样的,所以进食时会刺激到泪腺而流泪。有人不明原因,就把鳄鱼的眼泪比喻为伪善者的眼泪。

眼镜鳄

作者后记

亲切的柳作家？
亲切的柳作家？
亲切的柳作家！

后记 漫画家的日常3

为了能更好地交流，本书作者柳太淳不在自己家写作，而搬到我们画室来了。

请多多关照，方哥！

怎、怎么还带辆自行车？

没想到柳作家长得非常老实厚道。

你怎么长那么丑呢？

呵呵。

不管出什么事，听到什么样的坏消息，都会一笑了之。

把你的游戏机弄坏了！

没关系，呵……

柳作家心地善良，从来不会发火。

呵呵……

肥猪！

你个笨蛋！

但是——

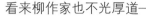

看来柳作家也不光厚道——

那个，刚刚偷吃我的饭了吧？

我只吃了一点！

有种不祥的预感

僵硬

哇呜呜！

哗啦啦啦

呜呜！

170

《科学大探奇漫画》共5册

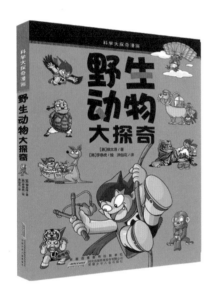

漫画好看!

故事搞笑!

知识有益!

埃及金字塔 大探险

全4册

超人气爆笑科普漫画，
让你足不出户，赏人类文化遗产，
亲近世界历史与文明！

吴哥窟 大探险

全2册

吴哥窟——灿烂的
吴哥文化之精华

埃及——一座无与伦比的博物馆

秦始皇陵大探险

全2册

秦始皇陵——沉淀千年的历史文化瑰宝

著作权登记号：皖登字 1208628号

기상천외 동물 과학 상식

Text Copyright ⓒ 2007 by Hong, Jaecheol

Illustrations Copyright ⓒ 2007 by Lee, Taeho

Simplified Chinese translation copyright ⓒ 2019 by Anhui Children's Publishing House

This Simplified Chinese translation copyright is arranged with LUDENS MEDIA CO., Ltd.

through Carrot Korea Agency, SEOUL.

All rights reserved.

图书在版编目（CIP）数据

野生动物大探奇／［韩］柳太淳著；［韩］李泰虎绘；洪仙花译.—合肥：安徽少年儿童出版社，2009.5（2019.3 重印）

（科学大探奇漫画）

ISBN 978-7-5397-4082-9

I.①野… II.①柳…②李…③洪… III.①野生动物－儿童读物 IV.①Q95-49

中国版本图书馆 CIP 数据核字（2009）第 065306 号

KEXUE DA TAN QI MANHUA YESHENG DONGWU DA TAN QI

[韩] 柳太淳／著

[韩] 李泰虎／绘

洪仙花／译

科学大探奇漫画·野生动物大探奇

出 版 人：徐凤梅	版权运作：王 利 古宏霞	责任印制：田 航
责任编辑：丁 倩 王笑非 曾文丽 邵雅芸		责任校对：冯劲松
装帧设计：唐 悦		

出版发行：时代出版传媒股份有限公司 http://www.press-mart.com

安徽少年儿童出版社 E-mail：ahse1984@163.com

新浪官方微博：http://weibo.com/ahsecbs

（安徽省合肥市翡翠路 1118 号出版传媒广场 邮政编码：230071）

市场营销部电话：(0551)63533532(办公室) 63533524(传真)

（如发现印装质量问题，影响阅读，请与本社市场营销部联系调换）

印 制：安徽国文彩印有限公司

开 本：787mm×1092mm 1/16 印张：11.25 字数：146 千字

版 次：2009 年 5 月第 1 版 2019 年 3 月第 5 次印刷

ISBN 978-7-5397-4082-9 定价：28.00 元